了解概率

大自然带我学数学

点点萌是个小小气象员

陈俊红　著　　大自然臻好　绘

山东城市出版传媒集团·济南出版社

概率歌

大自然，真神奇，
刮风下雨发脾气，
阴晴不定惹不起。
运用统计把数计，
收集整理大数据，
概率算定心欢喜。
每天播报好消息，
突发事件心有底。

大晴的天，点点萌打着雨伞走在路上。大家见了纷纷回头，对点点萌指指点点、议论纷纷。

点点萌心想："等着瞧，一会儿就让你们见识一下天气预报的厉害！"

傍晚，点点萌拖着疲惫的身体回到家，隔着篱笆大喊道："萌点点，你不是说今天有雨吗？我从东城走到西城，又从南城走到北城，雨根本没下！"

萌点点一脸无辜地探出头来，说："抛下一枚硬币，不是正面朝上就是反面朝上，正、反面的概率都是50%。我说'今天的降水概率是50%'，就是有可能下，也有可能不下啊！"

点点萌像一只泄了气的皮球一样瘫坐在地上，无精打采地问："难道不是说'一半的城下雨，一半的城不下雨'吗？"

第二天，点点萌去参加歌唱比赛，
一阵倾盆大雨，把她浇得全身都湿透了，
花裙子也弄脏了……

"萌点点！你不是说不会下雨吗？"点点萌委屈地找萌点点算账。

又一天，点点萌穿着厚厚的棉衣去找食物，回来的时候差点儿热晕了。

她有气无力地说："萌点点……你不是说……说今天温度降到零下了吗？"

萌点点着急地说："我说的是最低气温呀！最高气温是一日内气温的最高值，一般出现在14～15时；最低气温一般出现在早晨5～6时。你大中午穿着棉衣跑出去，这怎么行呢？"

点点萌决定再也不听天气预报了，还逢人就说："天气预报一点儿都不准，大家谁也不要信！"

13

萌点点得知了这个消息，连忙赶来制止她，说："天气预报工作很辛苦。尤其夏季的雷雨存在很大的局地性，有时候山北下雨，山南却不一定下雨。天气预报说山区有雨，只要山里的任何一个地区出现降雨，都应该算正确预报。"

听了萌点点的话，点点萌思索了一会儿，小声地说："那么，我能不能和你一起加入天气预报的工作？或许，我们可以做得更好。"

萌点点听了，开心地说："真的吗？那真是太棒了！"

萌点点带着点点萌来到气象中心，在那里，他们见到了蚁博士。

蚁博士带着点点萌参观了气象中心的工作台，然后指着蚁图说："我们蚁族的气象科学发展时间短，到目前为止仅三十蚁年，还有很多影响因素没有研究透彻。气象科学的发展不是一蹴而就的，还需要较长的发展阶段才能逐步提高预报水平。所以，点点萌，心急可吃不了热豆腐啊！"

蚁博士意味深长地说："嗯，你说得很对！目前我们的气象监测站点不够密集，监测时次间隔比较长。东部的三分之二都是水域，水域上基本没有固定的气象监测站，对大气运动无法做到准确监测。监测资料的缺少，导致天气预报不够准确。"

点点萌说："蚁图上亮起来的'星星'就是气象监测点吗？"

蚁博士点了点头，说："是啊，每一个监测点都为天气预报贡献自已的一份力量。"

点点萌追问道："那么，是不是'星星'亮得越多，天气预报就越准确？"

　　蚁博士笑着说："嗯，可以这么理解。监测点的监测范围越小，分布越密集，我们的数据量就越大呀！"

点点萌和萌点点飞行在水面上，他们找到了许多蚊子监测员；又去了草丛，招募了萤火虫、金龟子、黄蜂、细腰蜂也参与到气象监测工作中。

在点点萌和萌点点的努力下，更多的森林公民参与到监测工作中来：苍蝇、蝴蝶、蜻蜓、天牛、七星瓢虫、蜜蜂、梨蟓象、蝗虫、纺织娘、蝉、飞蛾、竹节虫、胡蜂、蟋蟀、蝈蝈、白蛉……

23

蚁博士看着像繁星一样的蚁图，激动得不得了！

概率歌

大自然，真神奇，
刮风下雨发脾气，
阴晴不定惹不起。
运用统计把数计，
收集整理大数据，
概率算定心欢喜。
每天播报好消息，
突发事件心有底。

25

点点萌成了森林里的小小气象员，她每天准时播报天气情况。

大家的出行真是
越来越方便了！

森林气象台于 14 蚁日 11 蚁时发布内陆大风蓝色预警信号：受一只犀牛躺卧休息影响，今天白天，草地上有南风 5～6 级，阵风可达 7～8 级。请大家注意做好防范工作！

我知道——概率

让我们去问一问吧!

想要得知概率的大小,还要通过认真观察和统计数据才能得出结论……

一个硬币有两面,抽中字和花的概率各占 50%。

生活中有哪些关于概率的情况?

饭前洗手可以减少生病的情况,这也是概率。

一碗汤圆有十个,其中六个是黑芝麻馅的,那么我吃到黑芝麻馅的概率就会高一些。

阅读指导

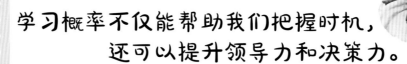

学习概率不仅能帮助我们把握时机，还可以提升领导力和决策力。

大晴的天，点点萌打着雨伞走在路上，大家见了纷纷回头，时点点萌指指点点，议论纷纷。
点点萌心想："羊着眼，一会儿就让你们见识一下天气师姐的厉害！"

第4~7页

概率是一个数学名词，它的直观意义是一件事情发生的可能性。那么"降水概率是 50%"到底是什么意思？小朋友可以通过点点萌和萌点点的不同理解去判断。

第8~10页

"萌点点！你不是说不会下雨吗？"点点萌委屈地找萌点点算账。

硬币的例子体现了概率的稳定性，天气预报的事例体现了概率的不稳定性。

天气预报的语言很微妙，大家要仔细体会。

很多时候，我们因为理解力不够才做出了一些冲动的决定。

学习知识也要拿出听取他人建议的态度来。

第 16~18 页

关于一些专业领域，懂得一些专业知识是很有必要的。

第 19~21 页

蚁博士向我们灌输了概率的基本概念。

第 22~23 页

大数定理是概率论中的第一个极限定理，也就是说测量的次数足够多，大量重复测量结果的平均值就越接近确定值。让小朋友浅显地接触这个知识点，他们会在每一个下雨天反复去思考和印证。

第 24~29 页

让每一个小朋友明白，概率数值是它背后的每一个参与者辛苦努力共同得来的。概率对于学习数学非常有意义，也让我们的生活变得更好。

第 30~31 页

概率的数值越大，帮助我们决策的参考价值就越高。

概率就在我们的身边，你体会到了吗？

陈俊红

作者简介

出版绘本作品《爱上表达系列绘本》（一、二辑）、《儿童逆商培养绘本》（全12册）、《好孩子行为规范绘本》（全12册）、《培养自我保护能力系列绘本》（全6册）、《我真了不起系列绘本》（全8册）、《儿童情绪管理绘本》（全12册）、《十二生肖玩转二十四节气》（全4册）、《儿童自控力成长励志书》（全12册），亲子家教书《大自然教养法》等。

为中国儿童少年基金会发起的"全国儿童食品安全守护行动"创作儿童食品安全绘本《美食王国历险记》、食品溯源科普绘本《大惊小怪国谜案》。

大自然创意教养创始人、中国高级家庭教育指导师、
国家心理沙盘师、智慧家长公益大讲堂讲师、
中国人生科学学会家庭教育科学研究院理事

晴	多云	阴	小雨	中雨	大雨	雷阵雨
雨夹雪	小雪	中雪	大雪	雾	扬沙	沙尘暴

快来和我一起学习天气标识吧!

一起游戏

小朋友们学会了天气标识，就马上来记录30天内的天气情况吧! 等到明年这个时间段，再看看哪种天气的概率比较大吧。

日	一	二	三	四	五	六
	1	2	3	4	5	6
7	8	9	10	11	12	13
14	15	16	17	18	19	20
21	22	23	24	25	26	27
28	29	30				

学习统计

大自然带我学数学

点点萌有个糖果店

陈俊红　著　　大自然臻好　绘

 山东城市出版传媒集团·济南出版社

统计歌

统计表、统计图，
统计数据是基础，
总结规律有帮助。
提高广度和深度，
实际操练多巩固，
数据精细有进步。
大到历史长河路，
小到身边复杂物，
统计都能理清楚。

　　点点萌准备开一个糖果店，挑来选去，把店址定在一株虎耳草上。

　　"嗯，虎耳草扁圆形的叶片就像一个个小柜台，很适合展示各种糖果。"萌点点夸赞道。

瓢虫大叔来送货，他扯着嗓子喊：
"点点萌，你想要卖哪几种糖果呢？"

5

粉红的棉花糖、晶莹剔透的水果糖，还有香味扑鼻的花朵糖……

点点萌咽了咽口水，说："嗯，每一种都给我来一大桶吧！"

糖果店开张了，点点萌负责包装，萌点
点负责称重，两个人忙得团团转。

一天下来，抹茶味儿的糖果卖光了，亮闪闪的珍珠糖却没卖出去一颗。

第二天，瓢虫大叔又来送货了，他扯着嗓子喊："点点萌，你需要补充哪种糖果呢？"

9

"珍珠糖都化了，一颗也没卖出去，千万不能要珍珠糖了。"点点萌说。

"要抹茶味儿的糖果吧，真的很好卖。"萌点点建议道。

"对，抹茶味儿的糖果来两桶。哦，不，要五桶！"点点萌开心地说。

10

太阳出来了，点点萌糖果店又开始营业了。

"这家的珍珠糖都化掉了，我们还是去别家买吧！"纺织娘一边说，一边带着几个孩子离开了。

"哎，别走呀！您可以尝尝抹茶味儿的糖果，大家都非常喜欢的。昨天……"点点萌边说，边把抹茶糖递给纺织娘宝宝们。

没想到纺织娘宝宝们全都捂着鼻子，一溜烟飞走了！

点点萌，快点来帮忙呀！今天的茉莉糖、玫瑰糖和月牙糖都很畅销呢！

眼看着五大桶抹茶糖就要化掉了，点点萌发起愁来。

13

累了一天，点点萌看着店里的各种糖果，不知道如何是好。

明明昨天很受欢迎的抹茶糖，今天怎么没人买了呢？明明昨天根本卖不出去的珍珠糖，今天却有顾客来找。到底该怎么办呢？

14

"萌点点，你记不记得，都
是谁买了抹茶糖？"点点萌灵机
一动，问道。

"我……我光顾着
称重、收费了，根本记不
清是谁买的了。"萌点点
红着脸说。

第三天，瓢虫大叔又来送货了，他扯着嗓子喊："点点萌，你需要补充哪种糖果呢？"

"瓢虫大叔，你看货架上缺哪种糖果，就给我补充哪种糖果好了！"

这一次，点点萌在结账的时候备注了客户的基本信息。
到了晚上，点点萌和萌点点又紧张而忙碌地统计信息。

"眉眼蝶姑娘买了三颗玫瑰糖、三颗桃花糖；凤蝶大婶买了十颗玫瑰糖、两颗茉莉糖；还有红灰蝶，也买了花朵味儿的糖果。"点点萌一边查看记录，一边说。

萌点点若有所思地说："看来，蝴蝶们都很喜欢花朵味的糖果呢！"

经过一系列的统计和观察，点点萌对经营糖果店越来越有信心了。

蜻蜓姐姐刚进门，点点萌就迎上前去，说：
"您好！新鲜出炉的青草味儿的糖果，您要两颗还是三颗？"

"嗯，三颗吧！"蜻蜓姐姐笑着说。

　　萌点点路过花园小径的时候，忽然听到纺织娘和草蛉妈妈说："学校要组织周末郊游，给孩子们准备哪些好吃的，你想好了吗？"

　　"当然要准备方便携带、适合分享又令人开心的食物啊！"草蛉妈妈说。

萌点点立刻把这个消息告诉了点点萌。点点萌听了，马上跟瓢虫大叔预定了九桶珍珠糖和一桶露珠糖。

萌点点在店外贴了一张海报，上面写着：周六特价，买十颗珍珠糖，送两颗露珠糖，多买多送，送完为止。

周六特价

买十颗珍珠糖，送两颗露珠糖，多买多送，送完为止

周六一早，糖果店还没开始营业，店门前就排起了长队。纺织娘、草蛉，还有蝈蝈、蛐蛐们都来了。

自从制作了顾客统计图，对于大家来糖果店购物的时间、习惯和喜好，点点萌都有了很深的了解，真是越来越轻松了。

快来学习《统计歌》

统计表、统计图，统计数据是基础，总结规律有帮助。
提高广度和深度，实际操练多巩固，数据精细有进步。
大到历史长河路，小到身边复杂物，统计都能理清楚。

这天，象蜡蝉刚进店门，萌点点就热情地上前招呼道："蝉大婶，上好的土豆糖给您准备好了！"

象蜡蝉却一脸嫌弃地说："我才不要土豆糖。我今天去看望螳螂，你们有没有便便糖？"

27

萌点点听了立刻捂住了鼻子，连连摆手。

象蜡蝉生气地说："太没礼貌了！"

点点萌刚想批评萌点点，忽然发现一只蚊子飞了过来，他俩吓了一跳。

看来，有些时候，对于特殊顾客也要做一个统计才好呀！

我知道——统计

让我们去问一问吧

多年的统计研究发现，我们长颈鹿的寿命约为 25 年。

通过统计领地面积，我可以知道我的势力是扩大了，还是减小了。

吸烟可以致癌，这个结论也是通过多年的临床医学统计得出来的。

老师每天统计小朋友们的到校时间，就可以知道谁最经常迟到。

商户通过统计人们购买鸭蛋和鸡蛋的数量，可以知道哪种蛋比较畅销。

每年做好统计工作，可以知道家族成员是增多了，还是减少了。

统计学在生活中有哪些应用？

狮子和老虎，谁是森林之王？这个问题可以通过统计投票结果得出答案。

通过统计小伙伴一定时间的用餐情况，可以知道他喜欢哪种食物。

阅读指导

统计不仅是数据整理，更重要的
是帮助我们提高自信心和创造力。

第4~5页

生活中最常用到统计学的地方
是哪里？小朋友最早接触统计概念
是在哪里？家长可以带小朋友到街
上走一走，看一看，找一找。

第6~8页

生活中只有勤劳是不
够的！

仅靠肉眼看到的得出结论也是不可取的，因为我们只看到了表面！

看，问题来了吧！

要想统计的结果真实有效，第一步就是要做到数值均等，所以点点萌并没有急于统计数值。因为把糖果桶填满就是一种"归零"。

第 17~20 页

统计的结果初见成效，点点萌和萌点点从中尝到了甜头。

第 21~25 页

做好统计，再借助各种有利的消息，做事情会更主动。

第 26 页

统计图使统计结果更加明了，也方便我们找出规律。

统计虽然包含了大多数的数据，但是特殊的项目也会给我们带来意想不到的情况呢！

只要用心去思考，复杂的事情也可以变简单。

不统计不知道，一统计吓一跳！

出版绘本作品《爱上表达系列绘本》（一、二辑）、《儿童逆商培养绘本》（全12册）、《好孩子行为规范绘本》（全12册）、《培养自我保护能力系列绘本》（全6册）、《我真了不起系列绘本》（全8册）、《儿童情绪管理绘本》（全12册）、《十二生肖玩转二十四节气》（全4册）、《儿童自控力成长励志书》（全12册），亲子家教书《大自然教养法》等。

为中国儿童少年基金会发起的"全国儿童食品安全守护行动"创作儿童食品安全绘本《美食王国历险记》、食品溯源科普绘本《大惊小怪国谜案》。

陈俊红

作者简介

大自然创意教养创始人、中国高级家庭教育指导师、国家心理沙盘师、智慧家长公益大讲堂讲师、中国人生科学学会家庭教育科学研究院理事

学会分类

大自然带我学数学

点点萌分类忙

陈俊红 著　　大自然臻好 绘

 山东城市出版传媒集团·济南出版社

垃圾分类歌

垃圾分类四只桶，

蓝黑红绿各不同。

图书纸箱旧衣物，

环保回收入蓝桶；

纸巾陶瓷和尘土，

其他垃圾入黑桶；

废旧灯管和药物，

有毒有害入红桶；

菜根菜叶和剩饭，

厨余垃圾入绿桶。

一早醒来，点点萌发现太阳已经高高地挂在天空中了。

"奇怪，都快中午了，怎么没有人叫我起床呢？"点点萌困惑地走出房间。

4

她轻手轻脚地打开了
衣帽间的门……

天啊！地毯上堆满了五颜六色的衣服，妈妈正忙得焦头烂额！

哦, 要换季了, 我得把家里的衣服重新整理一下。

妈妈, 出什么事儿了? 需要我帮忙吗?

点点萌跑来跑去，妈妈见了忙制止她说："不对！不对！点点萌，不是这样放的。"

上衣……

裤子……
裤子放在这里！

裙子……
裙子放在这里！

爷爷

奶奶

爸爸

"难道裤子不应该和裤子放在一起吗？"

"衣服首先要按所属个体分。这是爸爸的衣柜，这是妈妈的衣柜，爷爷和奶奶的衣柜在那边，弟弟妹妹们和你的衣柜在里边……"妈妈一边说，一边指给点点萌看。

妈妈

妹妹

9

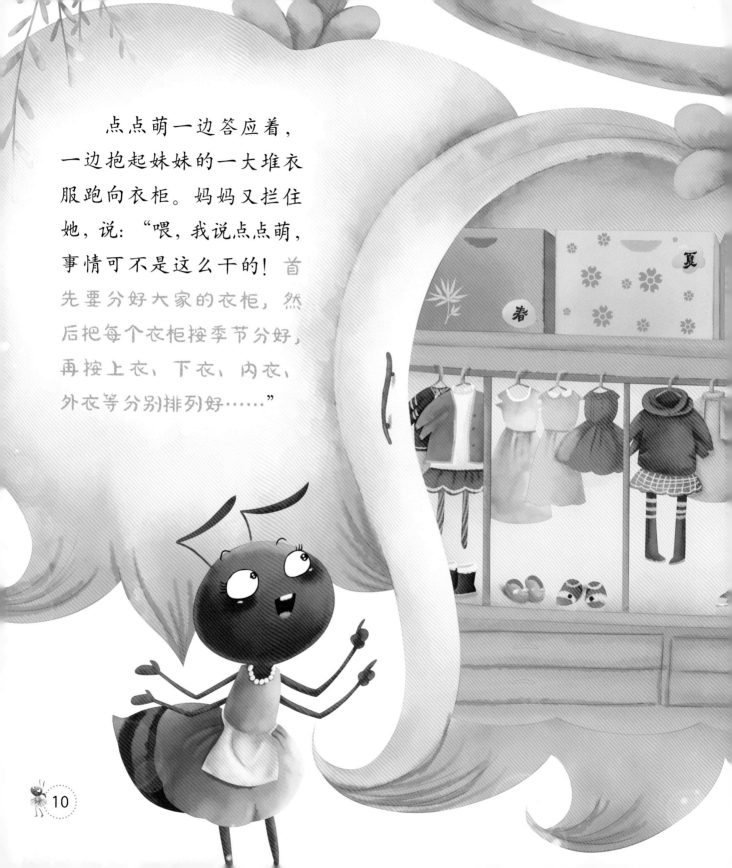

　　点点萌一边答应着，一边抱起妹妹的一大堆衣服跑向衣柜。妈妈又拦住她，说："喂，我说点点萌，事情可不是这么干的！首先要分好大家的衣柜，然后把每个衣柜按季节分好，再按上衣、下衣、内衣、外衣等分别排列好……"

点点萌来到厨房，奶奶已经把饭菜做好了，正在清理垃圾。

"奶奶，我来帮你吧！"点点萌说完就开始把垃圾归类，"牛奶是弟弟喝过的，牛奶盒就是弟弟产生的垃圾；芹菜是妈妈爱吃的，丢掉的叶和根就是妈妈产生的垃圾……"

奶奶见了，立刻笑了起来："哈哈！点点萌，垃圾可不是这么分类的。垃圾按可回收再利用和不可回收的方法进行分类。像饮料瓶和纸箱，是可以回收利用的，要放在一起；蛋壳、骨头、果皮、菜叶之类的是厨余垃圾，要归在一起。"

厨余垃圾

哎呀，奶奶，这个也好麻烦。我还是去看看爸爸在干什么吧！

可回收垃圾

爸爸正在书房忙着整理书籍，他一边翻书，一边说："我得把不常看的书整理一下……"

点点萌胸有成竹地说："那就把常看的和不常看的书分开！"

学小说类　　　　科普读物　　　　　　经济管理类　　　　　　儿童读

"哎呀，点点萌，书籍可不能这样分，要运用知识分类的原理去分。"爸爸笑着说，"这个书架上的书是文学小说类，闲暇时间阅读它们可以放松心情；旁边书架上的科普读物，能增加我们对世界万物的了解。还有经济管理类书籍和你们需要的儿童读物、工具书。这样分类，大家很容易就能找到自己要看的图书了。"

点点萌叹了口气，她闷闷不乐地来到院子里。爷爷正在准备种蔬菜，点点萌立刻建议道："胡萝卜、西蓝花、菠菜富含胡萝卜素，可以种在一起！"

爷爷连连摆手说："那可不行！这边的土地松软，适合种萝卜、红薯等根茎类蔬菜；那边的光照比较好，要种一些绿叶菜；篱笆旁边种一些长藤蔓的瓜类和豆角类的蔬菜。"

萝卜 红薯

绿叶蔬菜

豆角

点点萌走了一圈却帮不上家人什么忙，心里很难过。她独自回到房间，一个人站在窗前发愣……

"喂！点点萌，我们一起去玩游戏吧！"萌点点拿着网球拍，忽然出现在窗外。

"玩游戏？对，也许我可以整理一下玩具呀！"点点萌灵机一动，说，"萌点点，快来帮我收拾玩具吧！"

19

萌点点看着满屋子的玩具犯了愁："这可怎么收拾啊！"

他为难地问点点萌："按颜色？"

像卡片、棋类、拼图玩具，可以开发智力，就属于益智类玩具，我们把它们放在一起。

22

像遥控汽车、跳跳蛙等，
属于科学玩具，而且比较贵重，
我们要把它们放在安全的地方。

23

像乐器或者一些会发声的娃娃、小狗等，属于音乐玩具，千万不能碰水。

24

各种球类、三轮脚踏车、小滑板车、小自行车，还有毽子、跳绳、风车、风筝等，都属于健身玩具。

25

"像魔法棒、公主裙这种用来模仿或者扮演一些角色，加强对周围世界认识的玩具，都属于主题玩具。"点点萌越来越会分类了。

26

"那么像这种用来过家家的厨房用具、扮演看医生的听诊器玩具等，都是主题玩具。"萌点点眼前一亮，开心地说。

"萌点点，你太棒了！这种用来认识物体的形状或者颜色，可以挂在床上的悬挂玩具，还有用塑料做成的各种小动物玩具，都是弟弟妹妹们用的，就把它们归为启蒙玩具吧！"

"哇，把玩具进行分类也是一件十分有趣的事呢！"萌点点惊奇地说。

"玩具都整理好了，不如我们用下午的时间，把书包里的物品也分一下类吧！"点点萌建议道。

"好啊，我们来比比谁的分类更合理吧！"

阅读指导

学习分类不仅是一项技能，
　　还可以让我们的生活变得有序。

第 4~5 页

　　一个安静又不平常的早晨可
以吸引小朋友的阅读兴趣。家长
在讲故事时，语速要慢，语气要
充满神秘感……

第 6~7 页

　　用"换季要整理衣柜"
这个切入点引出故事的主
题——分类。

第8页

分类看上去很简单，做起来却要动脑筋。

第9~17页

点点萌分别体验了服饰分类、垃圾分类、书籍分类、蔬菜分类，但是其中的奥秘需要好好体会呢！

第18页

前半段充满紧张感的故事在这一页结束，给小朋友留出思考的空间……

故事从起初的生活分类，引申到小朋友平时接触最多的玩具分类。

玩具应该怎么分类？按形状还是按颜色？这些方案都被否决了。家长可以引导小朋友去思考，讨论一下到底该怎么分，再翻到下一页。

点点萌和萌点点按照益智玩具、科学玩具、音乐玩具、健身玩具、主题玩具、启蒙玩具整理好了玩具。读完故事，小朋友就可以按照这个分类方法进行一次实践。

故事读到这里，相信小朋友已经按捺不住地要亲自学习分类了。现在就按照点点萌的建议，趁热打铁去整理一下书包吧！

学习按事物不同的特征进行分类，实际是让幼儿体验数学中集与子集的关系。

小朋友们，快去拓展更多的分类技巧和方法吧！

作者简介

出版绘本作品《爱上表达系列绘本》（一、二辑）、《儿童逆商培养绘本》（全12册）、《好孩子行为规范绘本》（全12册）、《培养自我保护能力系列绘本》（全6册）、《我真了不起系列绘本》（全8册）、《儿童情绪管理绘本》（全12册）、《十二生肖玩转二十四节气》（全4册）、《儿童自控力成长励志书》（全12册），亲子家教书《大自然教养法》等。

为中国儿童少年基金会发起的"全国儿童食品安全守护行动"创作儿童食品安全绘本《美食王国历险记》、食品溯源科普绘本《大惊小怪国谜案》。

陈俊红

大自然创意教养创始人、中国高级家庭教育指导师、国家心理沙盘师、智慧家长公益大讲堂讲师、中国人生科学学会家庭教育科学研究院理事

一起游戏

垃圾分类四只桶，蓝黑红绿各不同。图书纸箱旧衣物，环保回收入蓝桶；纸巾陶瓷和尘土，其他垃圾入黑桶；废旧灯管和药物，有毒有害入红桶；菜根菜叶和剩饭，厨余垃圾入绿桶。

可回收物 Recyclable　　其他垃圾 Other waste　　有害垃圾 Harmful waste　　厨余垃圾 Kitchen waste

我们一定要做好垃圾分类。需要小朋友注意的是，大棒骨因为"难腐蚀"被列入"其他垃圾"。你分对了吗？

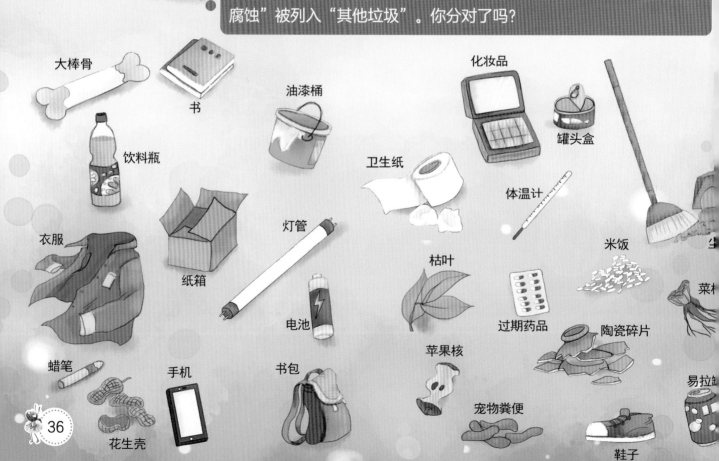

大棒骨　书　油漆桶　化妆品　罐头盒

饮料瓶　卫生纸　体温计

衣服　纸箱　灯管　枯叶　米饭　尘

电池　过期药品　陶瓷碎片　菜

蜡笔　手机　书包　苹果核　易拉

花生壳　宠物粪便　鞋子

测量长度

大自然带我学数学

点点萌有把长尺子

陈俊红 著　大自然臻好 绘

 山东城市出版传媒集团·济南出版社

长度歌

一根尺子长又长，
四四方方最好量，
横平竖直看刻度，
一分一厘无出入。
有些形状很特殊，
借用工具和算术，
仔细记录耐心足，
共同建设欢乐谷。

笔直的、长长的，好像……好像螳螂爷爷的拐棍儿！

点点萌和萌点点在草地上捡到了一个奇怪的东西……

4

"不，这不是我的魔法棒。我的魔法棒上可没有数字。"蝴蝶小姐连连摇头说。

这到底是什么东西呢?

点点萌和萌点点一下子犯了难。

花金龟大叔正在建房子，看上去好气派呀！

前廊长九尺，宽三尺，高六尺，这样就不怕雨水倒灌进厅里了。

咦，点点萌，你拿着一把尺子干什么？

7

原来这是一把尺子！

花金龟大叔，我能帮你一起建房子吗？

哎，那可不行。你的是一把直尺，建房子需要我手中这样的卷尺。

点点萌把手里的尺子和花金龟大叔手里的尺子比了又比，看上去差不多，但又不太一样。

虽然不能和花金龟大叔一起建
房子，但是有一把尺子真是一件让
人高兴的事。

9

胖蝈蝈大婶正准备去裁缝铺做身新衣服，点点萌拦住她说："大婶，有尺子就能做衣服。让我帮你做吧！"

衣服做好了，胖蝈蝈大婶却非常生气："这哪里是裙子？分明是围裙！好好的一块布，让你给做坏了！"

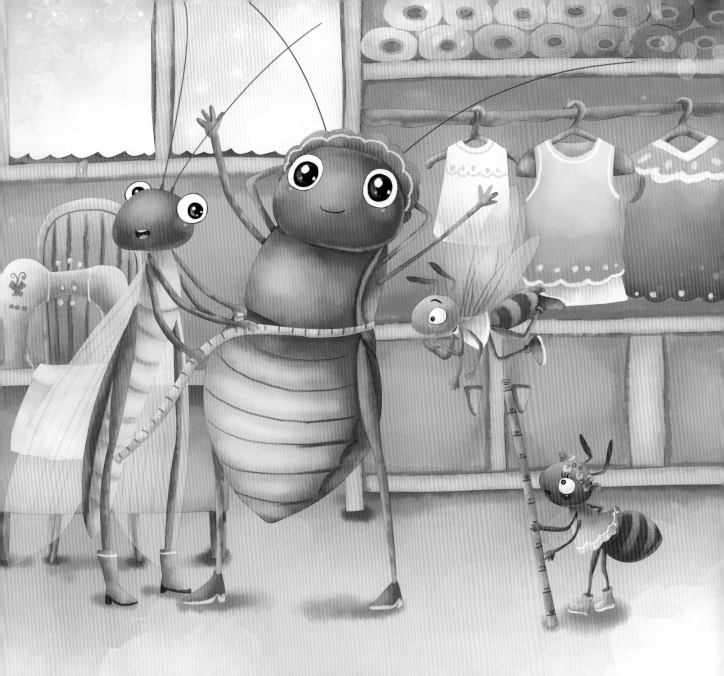

　　点点萌和萌点点连忙带着胖蝈蝈大婶来
到了草蛉姑娘的裁缝铺。

　　草蛉姑娘见了，笑着说："做衣服要用皮
尺量尺寸，直尺可不行！"

可是，我们有
了一把尺子，总得
找点事儿做才行。

点点萌和萌点点商量道。

　　"哼！我每天都在长大，只四天
工夫就爬上了竹篱笆！你的尺子一点
儿都不准！"小瓜藤抗议道。

　　"好像……好像是我们的测量方
法出了问题。"点点萌一边观察，一
边说。

"小瓜藤，你真淘气，缠绕在竹篱笆上当然不准啦！"点点萌终于找到了原因。

萌点点一边拉扯小瓜藤，一边给她鼓劲儿。

"哎哟！被你们强行拉直好疼啊！"小瓜藤生气地说。

17

萌点点一筹莫展，这么多的问题可怎么
解决呀？
　　点点萌忽然眼前一亮，她想出了一个好
主意。

点点萌让萌点点一起去找一捆长绳子，还强调说：
"绳子要柔软顺滑，但是不可以有弹性哦！"
绳子找到了，接下来该怎么做呢？

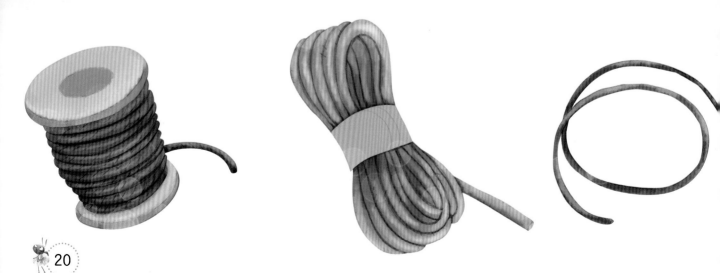

我们把绳子按照小瓜藤生长的形态摆放在地上，然后拉直，再用直尺量出绳子的长度，这就是小瓜藤的身高了。

　　葡萄树、牵牛花、爬山虎听了，立刻大喊道："我也要做一个成长记录！"藤蔓们都高兴地举起了手。

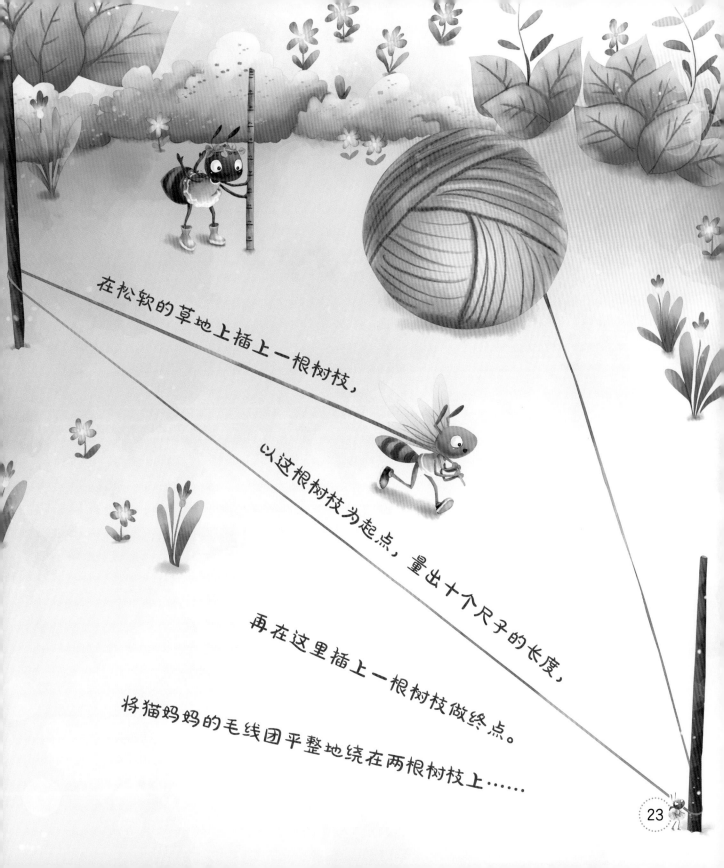

在松软的草地上插上一根树枝，

以这根树枝为起点，量出十个尺子的长度，

再在这里插上一根树枝做终点。

将猫妈妈的毛线团平整地绕在两根树枝上……

萌点点快速爬上小象的头顶，将绳子垂到小象脚下，然后在两端分别打个结。

"好了，小象你可以走了！"点点萌神气十足地说。小象满意地点了点头。

　　"不得了了，胖蝈蝈大婶的腰围比她的个头儿还长！"萌点点吃惊地说。

　　"嘘！这可是顾客的隐私，不能扩散。"点点萌叮嘱道。

嘘！

哇，有尺子的生活真是太美好了！

高矮和胖瘦，
长短和大小，
宽窄和粗细，
参照物前比一比，
一目了然全清楚。

一根尺子长又长，四四方方最好量，
横平竖直看刻度，一分一厘无出入。
有些形状很特殊，借用工具和算术，
仔细记录耐心足，共同建设欢乐谷。

阅读指导

学习长度不仅是读刻度，
　更是培养解决问题的能力。

第 4~9 页

长长的、直直的东西是什么？
不是拐杖，也不是魔法棒，原来
是一把直尺。直尺有哪些特征？
有刻度，还要有数字。

第 10~17 页

直尺不能盖房子，做坏了裙子，
量身高被嫌弃，量个毛线一团
糟，还弄疼了娇嫩的小瓜藤。

虽然状况百出，但是越是这个时候，我们就越应该思考并找到解决问题的办法。

一段绳子竟然把所有的问题都解决了！还有一个注意事项——绳子不能有弹性。读到这里，可是小朋友深入思考的好时机。

变通是培养小朋友发散思维的好办法。

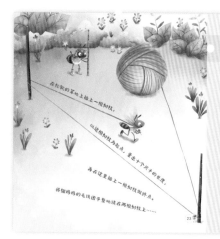

化零为整是将复杂的事情简单办。

方便他人才是使用工具的真正目的。

仔细观察，正确运用，是使用工具应该遵守的原则。

家长可以让小朋友仔细观察图片，这是对积累的知识的一种消化。

第 30~31 页

使用工具极大地方便了我们的生产和生活。小朋友们可不要马虎哦！

测量真实地体现在我们的生活当中。

陈俊红

作者简介

出版绘本作品《爱上表达系列绘本》（一、二辑）、《儿童逆商培养绘本》（全 12 册）、《好孩子行为规范绘本》（全 12 册）、《培养自我保护能力系列绘本》（全 6 册）、《我真了不起系列绘本》（全 8 册）、《儿童情绪管理绘本》（全 12 册）、《十二生肖玩转二十四节气》（全 4 册）、《儿童自控力成长励志书》（全 12 册），亲子家教书《大自然教养法》等。

为中国儿童少年基金会发起的"全国儿童食品安全守护行动"创作儿童食品安全绘本《美食王国历险记》、食品溯源科普绘本《大惊小怪国谜案》。

大自然创意教养创始人、中国高级家庭教育指导师、国家心理沙盘师、智慧家长公益大讲堂讲师、中国人生科学学会家庭教育科学研究院理事

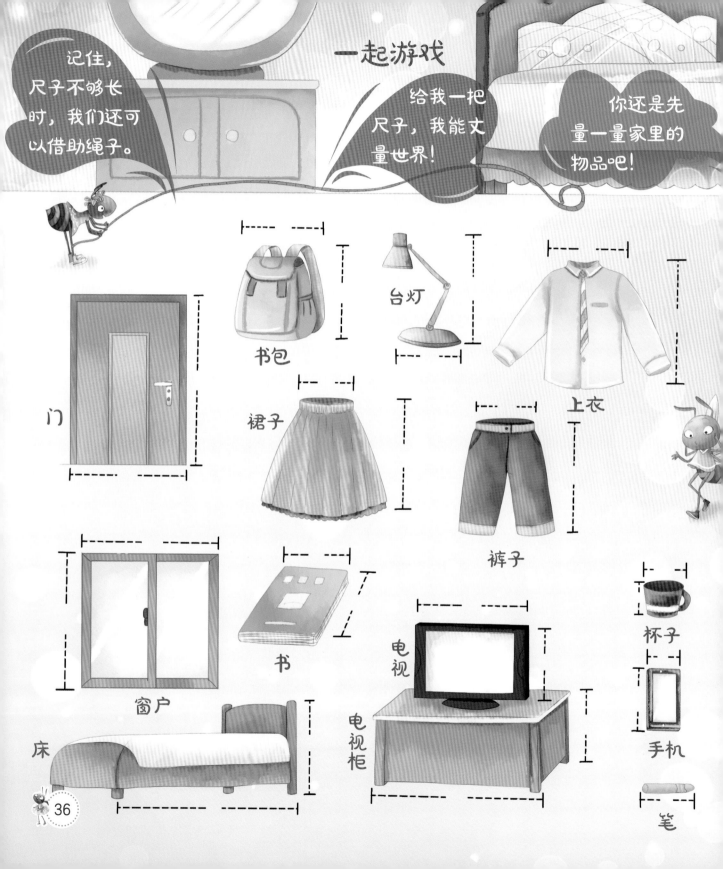

方向定位

大自然带我学数学

点点萌前进有方向

陈俊红　著　　大自然臻好　绘

 山东城市出版传媒集团·济南出版社

方向歌

东西和南北，
前后和左右。
目视正前方，
前进有方向；
向左微微笑，
待人有礼貌；
向右招招手，
朋友乐无忧；
抬头看看天，
烦恼放一边；
困难不低头，
问路打招呼。

点点萌来到一棵泥胡菜下，
忽然听到一阵无助的哭声。

她仰起头来四处张望，高高
的泥胡菜开着紫色的花朵，萌点
点坐在花朵上不住地抹眼泪……

5

点点萌爬上高高的泥胡菜，安慰道："萌点点，别伤心了。到底是怎么回事，能说给我听听吗？"

　　萌点点仍然沉浸在悲伤里，难过地说："今天早上……"

原来，一大早，萌点点背着
在百里香花瓣上采来的露珠，准备
去栗卷象家做客。走着，走着，忽
然迷了路……

7

露珠很重，萌点点擦着头上的汗水，一抬头看到了星天牛，忙说："早上好，星天牛先生！请问栗卷象家怎么走？"

"顺着柑橘树的第三个枝杈，一直向前，过了第五个红柑橘就到了！"

萌点点只好按星天牛说的前进，但他背着重重的露珠试了几次，都没办法起飞。他吃力地爬呀爬，一个没留神，从树上摔了下来，露珠全洒了！

弓背蚁从洞口探出头，问："萌点点，你要去哪里？"

"弓背蚁爷爷，我要去栗卷象家。这路真是太难走了！"
萌点点叹了口气说。

"什么？栗卷象家？你走弯弯曲曲路，到青山顶第一出
口就到了。"

萌点点只好又采了一桶露珠，按着弓背蚁爷爷所说的路线走去。可是弯弯曲曲路太弯曲了，还没走多远，露珠就洒没了。

萌点点又一次去采百里香花瓣上的露珠时，叩头虫打了个哈欠嘲笑他说："月亮姑娘挂在草尖上的时候才能找到栗卷象家！"

　　"第五个红柑橘，青山顶第一出口，现在……现在又去找月亮姑娘。他们都在骗我！呜呜……"萌点点真是又气又急。

　　点点萌听了却开心地笑了起来，说："他们说得都没错。"

13

萌点点很疑惑。点点萌解释说："星天牛住在树上，弓背蚁住在地下，而叩头虫总是在夜间活动，他们三个都以自己的家为参照物给你指方向，虽然路径不同，但最终的目的地都是栗卷象家。"

萌点点听了恍然大悟，他又高高兴兴地打来一桶百里香花瓣上的露珠，由点点萌带路，走过青石街，来到了栗卷象家。

栗卷象住在一棵矮矮的栗树上。一抬头就能看到上面的红柑橘，一低头就是青山顶第一出口。到了晚上，平视前方，就能看到月亮姑娘挂在草尖上……

17

栗卷象看到点点萌和萌点点别提多高兴了！他拿出一个漂亮的信封，信封外面有三根不同颜色的羽毛。哇，信封里的东西一定很重要！

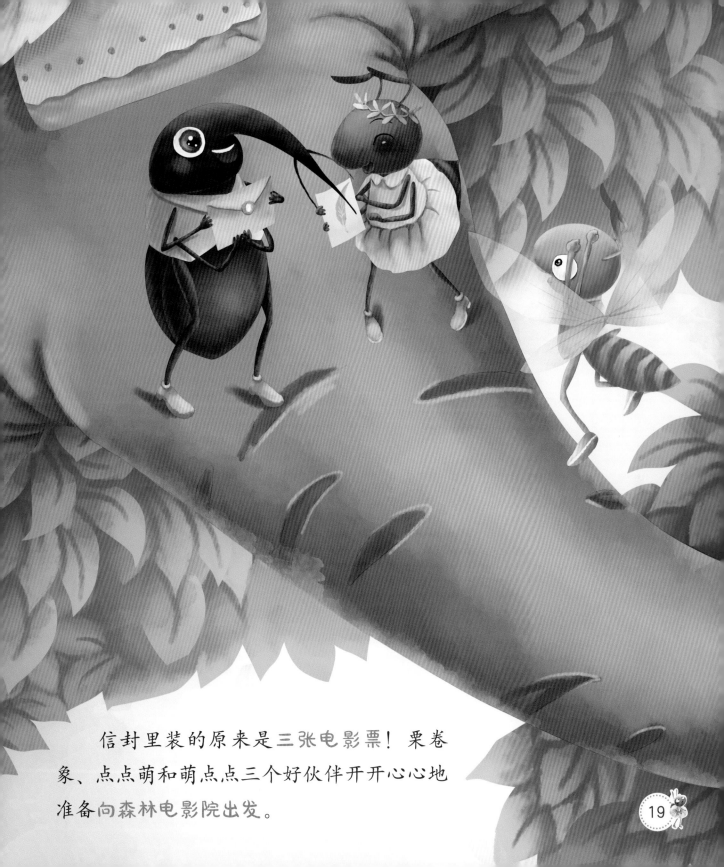

信封里装的原来是三张电影票！栗卷
象、点点萌和萌点点三个好伙伴开开心心地
准备向森林电影院出发。

"等一等，森林电影院到底该怎么走呢？"萌点点问。

"别担心，让我们一起来看看地图吧！"栗卷象拿出地图仔细地搜寻起来。

　　"看！我们现在在电影院的东边。"点点萌率先发现了森林电影院的位置。

　　"那我们一直往西走就对了！"萌点点得意地说。

　　"可是路程有点儿远，我看我们还是开车去电影院吧。"栗卷象提议道。

　　栗卷象驾驶着他的红色甲壳虫小汽车，带着点点萌和萌点点一路向西行。

　　"之前路边的那棵大榕树在我的前面，经过它的时候，它在我的右边，现在它竟然在我的后面了！"萌点点开心地说。

花香小径

　　"我们一路向西行驶，经过花香小径后左转，就变成向南行驶了。"萌点点一边看地图，一边指挥着行驶方向。

　　"转过猫儿山，我们是在向北行驶，会不会偏离目的地呢？"萌点点有点担心。

　　"不用怕！在前面的十字路口左转，就又成了向西行驶了！"栗卷象自信地说。

23

菜蝽　蟋蟀　蝈蝈

跳蚤　水蚤　蝗虫

白蚁　萤火虫

蚂蚱　纺织娘

我的座位号是5排2号。我想和我左边的萤火虫换个位置。

蚊子　蝴蝶　七星瓢虫

金龟子　蠓虫　牛虻

蟑螂　苍蝇　蜻蜓

精彩的电影开始了！

独角仙管理员制止了一些不文明的观影行为，你能找出来吗？

28

电影结束了，点点萌和萌点点告别了栗卷象，
伴着余晖回家了……

电 影 院

……

我的家在东北……

我在朝西走。
我的左手是南方，
右手是北方，身后
是东方。

我在朝北走。
我的左手边是西
方，右手边是东方，
身后是南方。

我在朝南走。
我的左手边是东
方，右手边是西方，
身后是北方。

又是麻烦的
十字路口，我好
像又迷路了……

别怕，
和我一起来学
《方向歌》吧！

东西和南北，前后和左右。
目视正前方，前进有方向；
向左微微笑，待人有礼貌；
向右招招手，朋友乐无忧；
抬头看看天，烦恼放一边；
困难不低头，问路打招呼。

我在朝东走。
我的左手边……

不对。我应该
朝东南方向走呀！

我知道——方位

生活中常用哪些词语表达方位？

让我们去问一问吧！

躲在石头底下，让我感觉更安全。

表示方向的词有：东、南、西、北。

在古代，方位词也有另外一种表示：青龙的方位是东，代表春季；朱雀的方位是南，代表夏季；白虎的方位是西，代表秋季；玄武的方位是北，代表冬季。

阅读指导

辨别方向不只是认识方位词，
更重要的是培养表达能力。

点点萌来到一棵泥胡菜下，忽然听到一阵尖利的哭声。她仰起头来四处张望，高高的泥胡菜开着紫色的花朵，萌点点坐在花朵上不住地抹眼泪……

第4~6页

点点萌在泥胡菜下张望，萌点点在泥胡菜上哭泣，开启了一个和方位有关的趣味故事。

第7~13页

一会儿要爬到树上，一会儿要钻进洞里，一会儿又要找到月亮姑娘……大家都说得头头是道，听的人却一头雾水。

萌点点又一次去采百里香花瓣上的露珠时，叩头虫打了个哈欠咧嘴他说："月亮姑娘挂在菜尖上的时候才能找到来蓉家家！"

想要认识方向，有一个重要条件——参照物。家长还可以引导孩子通过不同的参照物来体验方向的不同。

通过新路线，可以让小朋友再理解一次方向到底是怎么回事。

萌点点真正到达了栗卷象家才发现，原来大家真的都非常有爱心，方向的事他也一下子就明白了。

一封鸡毛信，三张电影票，一张地图，看来方向中还有更多奥秘等待小朋友去探索。地图是一个新的认识方向的工具，小朋友要不断地按照新的起点去描述。

第 21~27 页

认识方位再一次升级了。哇，原来方位也可以进行"换算"！

第 28 页

邀请小朋友帮忙制止不文明的观影行为，用游戏的方式提升小朋友的表达能力。

故事以温馨的场面结束了，家长还可以借助画面强化一下小朋友的方向感。

第 30～31 页

在明确方位词语的同时，还做了示范。两两一组真有趣！而最后呢，小鸭子一语双关，既是示范又是来搞笑的。

方向是绝对的，又是相对的；是具象的，又是抽象的。不管是道路还是人生，都要有方向。

作者简介

陈俊红

出版绘本作品《爱上表达系列绘本》（一、二辑）、《儿童逆商培养绘本》（全12册）、《好孩子行为规范绘本》（全12册）、《培养自我保护能力系列绘本》（全6册）、《我真了不起系列绘本》（全8册）、《儿童情绪管理绘本》（全12册）、《十二生肖玩转二十四节气》（全4册）、《儿童自控力成长励志书》（全12册），亲子家教书《大自然教养法》等。

为中国儿童少年基金会发起的"全国儿童食品安全守护行动"创作儿童食品安全绘本《美食王国历险记》、食品溯源科普绘本《大惊小怪国谜案》。

大自然创意教养创始人、中国高级家庭教育指导师、国家心理沙盘师、智慧家长公益大讲堂讲师、中国人生科学学会家庭教育科学研究院理事

一起游戏

和我们一起来逛逛这座城市吧！

为了制作地图，还需要指出这中的重要标志。

森林幼儿园

展览馆

商店

宠物店

广场

书店

面包店

车站

森林学校

36

轻和重

大自然带我学数学

点点萌有个物资站

陈俊红 著　　大自然臻好 绘

 山东城市出版传媒集团·济南出版社

重量歌

甜甜棉花糖，
白白大馒头，
体积一个样，
重量差别大。
三个蛋宝宝，
让我瞧一瞧，
不用上秤称，
一眼就知道！

明媚的阳光，安静的午后，森林就像一幅静止的图画，没有一点儿声响……

在厚厚的土层下面，点点萌物资站却分外热闹。

点点萌正带领蚂蚁大军辛苦地工作着，萌点点忽然打来电话，说："喂！点点萌吗？你快到云朵兔家来一下，我们有重要的事情要和你商议！"

5

云朵兔今年种了好多胡萝卜，田地里绿油油的，一眼望不到头儿。可是云朵兔看上去并不开心……

点点萌走上前，热情地和云朵兔打招呼。

云朵兔，你好呀！祝贺你今年胡萝卜大丰收！可是，你为什么不开心呢？

萌点点拨开草叶，指着前面说：
"看！大灰狼欺负人，他要强行低价
收购云朵兔的胡萝卜！"

7

大灰狼正在美滋滋地盘算着……

9

哇，大灰狼先生真是个大力士！不如这样吧，明天一早，我们都来云朵兔家采购胡萝卜。谁的运输能力强，谁就拥有采购权。

这可真是一场有意思的比赛！不过，肯定是我赢了！

11

云朵兔听了，又大哭起来，说："这可怎么办啊！本来是找你来帮忙的，没想到你却把胡萝卜拱手让给了大灰狼！"

萌点点在她头上飞了三圈，不知如何是好。

点点萌信心十足地说："谁输谁赢，还不一定呢！"

第二天一早，大灰狼就拉着车，背着筐，
提着篮子来到了云朵兔家。

过了好一会儿，点点萌和萌点点才气喘
吁吁地赶了过来。

13

大灰狼用尽全身力气开始拔胡萝卜，可是拔了半天，一个也没拔出来。

100克真的太重了！

大灰狼费了九牛二虎之力，只听"啪"的一声，
他只拽下来一把胡萝卜缨子，摔了个四脚朝天。
点点萌笑了，萌点点笑了，云朵兔也笑了！

点点萌，我看你怎么把这些胡萝卜运走！

只见点点萌不慌不忙地说："倒计时开始！
3、2、1——开工！"

田地里翠绿的胡萝卜缨子就像接到命令一
样，纷纷倒地。一会儿工夫，就倒成了一片。

大灰狼气急败坏地说："不算！不算！我只有一个，而你们却是成百上千个，不公平！"

萌点点胸有成竹地说："大灰狼先生，您的体重是136斤，10只蚂蚁的重量约1克，这样算起来，多少只蚂蚁才能和您的体重相等呢？"

大灰狼只好灰溜溜地走了。

哈哈，大象伯伯，木头可走不了地下通道，但是有一条更好的通道早就为您准备好了！

云朵兔的胡萝卜卖了个好价钱，森林里的居民们都替她高兴。

可是大象伯伯又找到点点萌。

点点萌，一根木头好重啊！运送木头的工作太累了，你能帮我们走地下通道吗？

放心吧！天亮的时候，河马先生就能收到这批木头了！

点点萌带着大象伯伯来到一条大河边，让他把需要运送的木头放进水里。湍急的河水带着一根根巨大的木头往山下流去。

23

喜鹊大婶累得满头大汗，她一边低飞，一边在山坡上大喊！

咕噜……咕噜噜……

点点萌感觉像地震了一样，死死地抱住黑麦草的根部才没被"大石头"带走。

忽然，那个"大石头"卡在草丛里不动了。

原来，那根本不是什么大石头，而是一个又大又红的苹果！

　　萌点点慌忙地飞落在草叶上，大喊道："点点萌，点点萌，你在哪儿呢，没事儿吧？"

　　喜鹊大婶气喘吁吁地说："这个苹果可真大啊！可我怎么才能带回去给孩子们吃呢？"

点点萌拍了拍身上的尘土，咳了一声，说："这有什么难的！您有几个孩子呀？"

喜鹊大婶这才发现了点点萌，她欣喜地说："是吗？那太好了！我有四个孩子。"

点点萌和萌点点听了，会意地点了点头。他俩分别站在苹果的两边，两颗大牙就像锯子一样，把苹果平均分成了四份。

"这样就可以了！一个大苹果被平均分成了四份，您可以分四次搬回家给四个宝宝，而且苹果还是那个苹果，只不过变了个形式而已！"点点萌开心地说。

森林里变得越来越热闹了，大家都在讨论有关轻和重的问题。

玉米粒变爆米花，
同样的桶装不下，
其实重量没变化。

拾起我的小口袋，
步履轻松跑得快。
遇到陡坡奇了怪，
要我生拉又硬拽。

甘甜棉花糖，
白白大馒头，
体积一个样，
重量差别大。

三个蛋宝宝，
让我瞧一瞧，
不用上秤称，
一眼就知道！

我知道——轻重

生活中，我们怎么分辨轻重？

让我们去问一问吧!

在同一个澡盆里洗澡，放进同样多的水，爸爸进到里面，水都冒出来了，而我洗时却正好。

把一滴水轻轻滴在一片叶子上，叶片保持静止；同样大小的雨滴落在叶子上，叶片却瞬间被压弯。

一张纸落在水里会下沉，把这张纸折成小船就可以浮在水面上了。

30

干海绵可以浮在水面上，吸满水的海绵却落入水中。

同样大小的球，塑料的、玻璃的、铁的、铜的，重量却相差很多。

不分轻重，举足轻重，无足轻重……礼轻情意重！对！我想说的就是——礼轻情意重！

我自己拉一辆车很重，和小伙伴一起就会轻松多了。

有时候重量越轻越费劲，重量重了也不一定是难事儿。

31

阅读指导

辨别轻重不局限于视觉判断，而在于培养思考能力。

第 4 页

生活在地球上，所有的物质都是有重量的。整个画面是对故事的铺衬。

第 5~8 页

故事的起因找到了，吸引着我们向下读，寻找一个非常聪明的解决办法。

一根胡萝卜大约是 100 克，家长可以带小朋友亲自称一称、掂一掂，感觉一下 100 克是轻还是重。再根据大灰狼和小蚂蚁，思考一下相对轻重的概念。

怎么回事？大灰狼之前感觉轻而易举的事，现在怎么变得困难重重？

怎么回事？小蚂蚁之前看似完全不可能完成的事，现在怎么转败为胜？

大灰狼需要把胡萝卜一根一根拔出来，而小蚂蚁只需要除去露在地表的胡萝卜缨子，就完胜了这场"贸易战"。小蚂蚁又用总质量的对比让大灰狼哑口无言！

一个好办法往往不是万全之策，所以小朋友平时要善于观察。

发散思维是观察和思考的更高层面，那就是不拘泥于事物的固有状态。

家长可以让小朋友仔细地观察图片，这是对所积累知识的一种消化。

让小脑袋瓜儿像车轮那样飞转，你的成长和认知就一定会勇往直前！

每一个小情景都是一个小实验，每一个小实验都能启发小朋友思考。

作者简介

陈俊红

出版绘本作品《爱上表达系列绘本》（一、二辑）、《儿童逆商培养绘本》（全 12 册）、《好孩子行为规范绘本》（全 12 册）、《培养自我保护能力系列绘本》（全 6 册）、《我真了不起系列绘本》（全 8 册）、《儿童情绪管理绘本》（全 12 册）、《十二生肖玩转二十四节气》（全 4 册）、《儿童自控力成长励志书》（全 12 册），亲子家教书《大自然教养法》等。

为中国儿童少年基金会发起的"全国儿童食品安全守护行动"创作儿童食品安全绘本《美食王国历险记》、食品溯源科普绘本《大惊小怪国谜案》。

大自然创意教养创始人、中国高级家庭教育指导师、国家心理沙盘师、智慧家长公益大讲堂讲师、中国人生科学学会家庭教育科学研究院理事

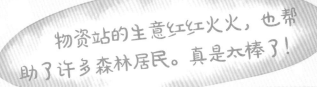

物资站的生意红红火火，也帮助了许多森林居民。真是太棒了！

开动脑筋，每个小朋友都能知道"孰轻孰重"。快来尝试一下吧！

一起游戏

你需要准备：

将线绳的两端都穿进洞口。

在塑料瓶盖的中心位置钻两个小洞。

用铅笔在筷子中间做标记。把筷子穿过线圈，固定在中间点上。

在纸杯杯口下方一圈平均钻上四个小孔，用线绳穿好。把两个纸杯分别挂在筷子的两端。

向塑料瓶中倒入清水，盖好瓶盖。哇，一架天平做好了！

现在请你用"×××比×××重"和"×××比×××轻"的句式告诉大家物品的轻重吧！

36

大自然带我学数学

数和数量

点点萌和121个小家伙

陈俊红 著　　大自然臻好 绘

 山东城市出版传媒集团·济南出版社

智斗小狐狸

糟糕糟糕真糟糕，

一只狐狸跑来了，

耳朵尖尖披红袍，

有个问题把你考。

十个宝宝把圈绕，

一个宝宝站得牢。

想想那串酸葡萄，

酸水阵阵往上冒，

灰溜溜地四下逃。

"点点萌，有你一封信！"蚂蚁飞邮擦了擦头上的汗说。

"是茉莉姨妈寄来的，会有什么事呢？"点点萌有点儿忐忑不安。

"真是太棒了！从此以后再也不会感觉孤单了！"点点萌开心地大叫起来。

亲爱的点点萌：

恭喜你！你现在已经有100个表弟、表妹了。他们都非常期待你和萌萌点点能来家里一起玩！

永远爱你的茉莉姨妈

100000000蚁年7月21日

萌点点从一朵花床上探下头来，问："什么事儿让你这样开心呢？"

点点萌和萌点点带着
好多好多礼物出发了……

"茉莉姨妈，我们来了！我那100个表弟、表妹，他们在哪儿？"点点萌迫不及待地问。

"哦不！现在已经是120……不对，是121个了！你快去照顾一下他们，因为……因为你可能会有第130个或者更多的表弟、表妹了……"

9

哦，天啊！121个蚁宝宝，一个都不能少！

一个蚁宝宝坐在狗尾草上荡秋千，

两个蚁宝宝趴在石头上正在聊天，

三个蚁宝宝在歪头草上抢袜子玩，

四个蚁宝宝躺在兰草上互道晚安，

五个蚁宝宝互不相让都扭作一团，

六个蚁宝宝在轮叶贝母上叠罗汉，

七个蚁宝宝在打碗碗花里捉迷藏，

八个蚁宝宝运送树莓压得背儿弯，

九个蚁宝宝在齐心协力打造小船，

十个蚁宝宝在踢着圆圆的小药丸。

一共55个蚁宝宝，还有……还有66个蚁宝宝下落不明！

11

看，他们在这儿！

原来，66 个蚁宝宝正在和蝉先生抢树汁喝。

眯眼、一样和胖妹他们 3 个拉住了蝉先生的左后腿。

阿木、小梗和逗号他们 3 个拽住了蝉先生的右后腿。

可乐正在拔起蝉先生的口器。

蛋蛋、嫩、甜橙、花脸、菜头、樱桃、北极和三少他们 8 个爬上了蝉先生的翅膀。

小绿挡住了蝉先生的左眼。

亮点遮住了蝉先生的右眼。

淘气的蚁宝宝并没有惹恼蝉先生，他仍然大口大口地吸着树汁。树汁甚至顺着树干往下淌，形成一条"小溪"。剩下的蚁宝宝分散在小溪的两边，美美地喝着汁水……

　　可是……可是到底有多少个蚁宝宝在小溪旁喝水呢？点点萌根本数不清楚。

不好啦！
有危险——

萌点点这一嗓子，
让大家都慌乱了起来！

17

蝉先生扑棱了一下翅膀飞走了，甜橙、花脸、菜头和樱桃纷纷从树上滚了下来。

点点萌举起了蚁旗，萌点点吹起了号角，蚁宝宝们纷纷向他们聚集过来。

19

点点萌连忙上前维持秩序，可是蚁宝宝们根本不听她的话。

萌点点忽然大喊道：

不好啦！
毛毛虫来啦！

21

一只小虫，有啥可怕？
蚁宝变身，分毫不差！
迅速整队，排成一排。
齐心努力，奋力一抬。
胖胖虫娃，立刻拿下。

呜呜！可是你们把我落下了！

小仙子哭着说。

23

不好啦！不好啦！狡猾的狐狸来啦！

糟糕糟糕真糟糕，
一只狐狸跑来了，
耳朵尖尖披红袍，
有个问题把你考。
十个宝宝把圈绕，
一个宝宝站得牢。
想想那串酸葡萄，
酸水阵阵往上冒，
灰溜溜地四下逃。

不好啦！不好啦！食蚁兽来啦！

一个大魔怪，
走路爱显摆，
尖嘴一张开，
吐出舌头来。
要把宝宝害，
快快把头抬，
一只老鹰在，
只好快离开。

26

太棒了，
蚁宝宝们真厉害！

每个蚁宝宝可
以是单独的自己，
121个蚁宝宝也可以
是强大的一个整体。

是啊，一
个整体会让我
们更强大！

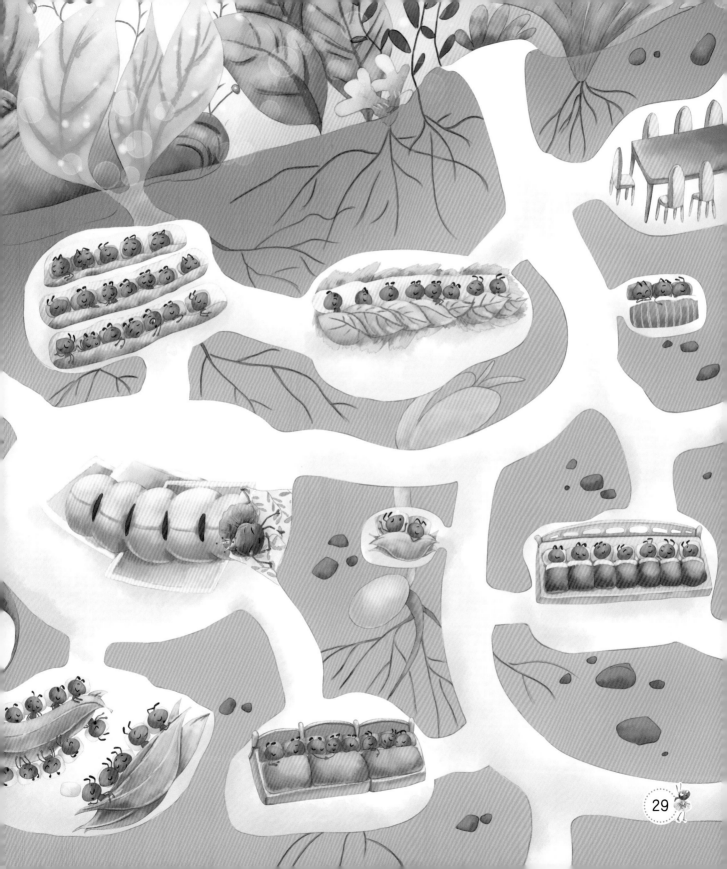

29

阅 读 指 导

认识数字不只是会数数，
重要的是化繁为简的能力。

第 4~5 页

一封信、100 个、100000000
蚁年、7 月 21 日，故事的开头有
数字的好几种表现形式。我们的生
活中原来有这么多数字！

第 6~7 页

这封信里的什么使点点萌
如此开心呢？对，是 100 这个
数字。

第 8~9 页

礼物可真够多的，因为有 100 个接收对象呀！紧接着，从 100 又变成了 120、121、130……数量的增长，一定冲击着小朋友的想象力。

第 10~11 页

用儿歌的形式引导小朋友去图中寻找，不断强化"数"的概念。1 有多小？ 10 有多大？这些都会给小朋友带来感官上的不断变化。

第 12~15 页

数字对于小朋友来讲太抽象，一直机械地数数也很枯燥，但是给蚂蚁起了名字，再去数一数，是不是感觉有趣又明了？

第 16~20 页

在故事的跌宕起伏中，"认识数"这个主题也在不断地深入、进阶。

第 21~25 页

"121"这个数字看上去就像蚁宝宝不听集合口令那样杂乱无章，但是从大家合力对付毛毛虫，整齐排好后，是不是就清楚多了？通过排列组合成"一串葡萄"，是不是更加直观了？

第 26~27 页

最后用"121"组成一只老鹰，将"数"和"一"的概念进行了完美升级。"一"可以是一个个体，也可以是一个整体。

随着蚁宝宝们入睡，"数"也可以安静下来了。小朋友可以纯粹地、简单地、认真地数数了，或者还可以数出韵律、数出游戏，或者别的什么吧！

"数"是有形的，又是无形的。让幼儿数一数身边可以数完的数，再闭上眼睛，数一数数不完的数吧！

让小朋友认真地观察一下随时随地陪伴在我们身边的"数"吧！

出版绘本作品《爱上表达系列绘本》（一、二辑）、《儿童逆商培养绘本》（全 12 册）、《好孩子行为规范绘本》（全 12 册）、《培养自我保护能力系列绘本》（全 6 册）、《我真了不起系列绘本》（全 8 册）、《儿童情绪管理绘本》（全 12 册）、《十二生肖玩转二十四节气》（全 4 册）、《儿童自控力成长励志书》（全 12 册），亲子家教书《大自然教养法》等。

为中国儿童少年基金会发起的"全国儿童食品安全守护行动"创作儿童食品安全绘本《美食王国历险记》、食品溯源科普绘本《大惊小怪国谜案》。

陈俊红

作者简介

大自然创意教养创始人、中国高级家庭教育指导师、国家心理沙盘师、智慧家长公益大讲堂讲师、中国人生科学学会家庭教育科学研究院理事

一起游戏

121个蚁宝宝终于集合了！妈妈点名，宝宝帮忙答"到"吧！

哇，太棒了！一个不多，一个不少。点完名开始做游戏了！我想到的第一个游戏是丢沙包，需要4个蚁宝宝，它们已经站在绿色的格子里了。

蛋蛋	嫩	甜橙	花脸	菜头	樱桃	北极	三少	妙妙	工具	布丁
阿三	朵朵	泡泡	丸子	小恩	梯子	指南针	口红	满分	玉面	卡门
爪爪	苏珊	浅紫	小不	小树	鞋带	可乐	面具	大眼毛	格子	汤圆
小六	勺子	立夏	暖暖	果汁	阳阳	小乌	影子	锅	金	小数
水晶	巧克力	火苗	丁香	眯眼	一样	胖妹	蘑菇	大头	星巴	小个子
本	刀刀	吧里	星星	尖子	大牙	牛角	小绿	亮点	十点	烟火
三纹	布朗	盾	小羊	卷卷	巨人	灯灯	阿木	小梗	逗号	七七
阿卡	彩虹	豆片	大力	玉米	小岛	冰	万紫	兰波	小品	桥
糖糖	草尖	花布	小房子	豆包	小仙子	灵儿	细粉	真真	大山	棒骨
向右	早早	根	典章	斑点	奶油	千千	鼠标	罕	叮咚	画画
米子	黑豆	小美	一一	大长腿	黑魁	大一	爬爬	丹丹	天才	笑点

认识时间

大自然带我学数学

点点萌有个花时钟

陈俊红 著　　大自然臻好 绘

 山东城市出版传媒集团·济南出版社

时间歌

时间时间了不起，
日日夜夜陪伴你。
欢欢喜喜做游戏，
生气吵闹发脾气，
它都公平来记忆。
若要生活有意义，
良好关系要建立。
二十四时和四季，
珍惜时间要牢记。

点点萌天不亮就提着灯笼出门去，蟋蟀大叔见了忙问："点点萌，这才几点呀？你这么早出门，干啥去？"

"几点？"点点萌根本没有关注过这个问题，她笑眯眯地说，"蟋蟀大叔，早起的小蚂蚁有甜点享用哦！"说完就喜滋滋地消失在朦朦胧胧的月色里……

蟋蟀大叔振了振翅膀，若有所思地说："也是，早起的蟋蟀有甜露水喝呢！"

这是一个美好的早上，草丛里又恢复了宁静，只有猫头鹰大婶那乌溜溜的眼珠左右转动，仿佛在一秒一秒地数着时间……

点点萌一路上欢欣鼓舞，
到处打着招呼……

9

辛苦了一天，点点萌有气无力地往家走。

刚到家门口，就看见萌点点正在吃美食。哇，是茉莉花的香味！

点点萌心里埋怨道："紫茉莉真小气！我去采花蜜，她只顾着睡大觉。我都一天没吃饭了，萌点点竟然还有夜宵吃！太不公平了！"

　　"喂！点点萌，一起来吃蜜饯吧！
我一分钟能咀嚼一百次，每五分钟就
能吃掉一个蜜饯，大约半小时就能吃
饱了。"萌点点对点点萌说。

　　点点萌忙摆摆手，说："不啦！
我一点都不饿……"

蟋蟀大叔钻出洞口，奇怪地问："哎，点点萌，几点了？你才回来吗？一定很辛苦吧！"

15

点点萌再也忍不住了，她坐在地上大哭起来："起那么早有什么用？我一点花蜜都没采到，饿得肚子咕咕叫！"

萌点点听了，立刻笑着说：
"只有勤劳是不够的，还要有智慧。"

17

点点萌不服气地问："你的智慧在哪里？"

萌点点说："我有一个花时钟，明天带你走一遭。"

19

蛇床花

2:00

昙花

21:00

牵牛花

芍药花

龙葵花

4:00

蔷薇花

7:00

6:00

5:00

21

第二天，萌点点带着点点萌按照花时钟的时间在田野里走了一圈，不但吃得饱饱的，还可以想吃什么就吃什么，真是太开心了。

22

"哇，你的花时钟太有用了！这下我再也不会饿肚子啦！"点点萌开心地说。

萌点点骄傲地说："如果你不想错过美食，还有和我结伴而行的快乐时光，就快点儿来和我一起认识时间吧！"

"好呀！你快说，我都有点迫不及待了！"点点萌对时间充满了兴趣。

快来和我们一起唱《时间歌》!

时间歌

时间时间了不起,
日日夜夜陪伴你。
欢欢喜喜做游戏,
生气吵闹发脾气,
它都公平来记忆。
若要生活有意义,
良好关系要建立。
二十四时和四季,
珍惜时间要牢记。

快来和我们一起认识时钟吧！

时钟歌

小小时钟真奇怪，
圆圆一个大脑袋，
小格分成六十整，
大格平均十二块。

又细又长跑得最快的叫秒针，
不胖不瘦不紧不慢的叫分针，
又短又粗最有权威的叫时针。

秒针跑完六十格，
分针向前挪一格，
分针跑完六十格，
时针向前一六格。
三个指针来合作，
跑快跑慢讲规则。

"哇，认识时间可真是一件有趣的事！"

"嗯，你还要记住——分针走一小格是1分钟，走一大格是5分钟；三大格是15分钟，也就是一刻钟；半小时是30分钟。"

让我们借助工具来体会一下时间吧!

名称: 3分钟计时沙漏
说明: 沙子落完 = 刷牙时间

可是时间在哪? 我怎么看不见它?

名称: 座钟
说明: 钟摆摆一下 =1 秒钟

名称：时钟
说明：太阳公公从东方升起，到当空照的时间 ≈ 4 个小时

29

这部动画片的时间是 30 分钟。妈妈告诉我每天看电视不能超过一个小时。

我唱一首歌的时间大约是 3 分钟。

绕湖散步一圈，我大约要用 20 分钟。

从早上 8 点到 10 点，我要用 2 个小时的时间进行日光浴。

地铁早高峰最小行车间隔已经缩短到 2 分钟了。

阅读指导

认识时间不是读钟表，
　　而是培养时间概念。

第4~5页

用"问时间"的方式引出时间
概念，并强调时间的重要性。

第6~7页

家长朋友也可以引导孩
子思考：时间能给我们带来
什么？

很多时候，很多事情，我们常常"乘兴而来，败兴而归"，问题到底出在哪儿呢？

故事突然出现了转折！

情绪的渲染更能激发孩子的阅读兴趣。

非常具体地提出了一分钟、五分钟和半小时的概念。家长也可让孩子举一反三地进行练习。

正式引出"花时钟"里藏着奥秘。

故事出现反转,原来人人都可以体会到时间的乐趣。

用儿歌的形式让小朋友了解时间的意义、具体的时间知识和简单的计时工具。

第 30~31 页

时间抓不住也摸不着，让幼儿读懂几点几分不是目的，早早建立时间概念才是关键。

用身边的事例让小朋友亲身积累时间经验吧！

出版绘本作品《爱上表达系列绘本》（一、二辑）、《儿童逆商培养绘本》（全 12 册）、《好孩子行为规范绘本》（全 12 册）、《培养自我保护能力系列绘本》（全 6 册）、《我真了不起系列绘本》（全 8 册）、《儿童情绪管理绘本》（全 12 册）、《十二生肖玩转二十四节气》（全 4 册）、《儿童自控力成长励志书》（全 12 册），亲子家教书《大自然教养法》等。

为中国儿童少年基金会发起的"全国儿童食品安全守护行动"创作儿童食品安全绘本《美食王国历险记》、食品溯源科普绘本《大惊小怪国谜案》。

陈俊红

作者简介

大自然创意教养创始人、中国高级家庭教育指导师、国家心理沙盘师、智慧家长公益大讲堂讲师、中国人生科学学会家庭教育科学研究院理事

一起游戏

时间真奇妙，我们
一定要学会时间管理呀！
小朋友，快来制作你的作息时间表吧！

起床
刷牙 洗脸

锻炼身体
跳舞
唱歌

吃早饭

洗脸
洗脚

上学

晚安故事

和朋友一起游戏

上床睡觉